+	4	6	8
3			
2			

+	6	3	5
5			
4			

+	4	7	6
1			
2			

+	7	0	6
1			
2			

~	2	3	1
6			
7			

~	1	7	3
9			
8			

~	2	4	0
5			
4			

~	3	2	1
4			
3			

+	9	8	9
10			
15			

+	5	6	2
12			
13			

+	6	7	8
10			
20			

+	9	8	1
10			
11			

x	2	3	4
1			
2			

x	3	4	5
1			
2			

x	1	5	4
5			
10			

x	2	1	3
10			
20			

~	12	11	10
12			
20			

+	20	30	40
10			
10			

~	10	2	8
11			
10			

~	10	7	5
14			
20			

20

x	10	20	30
2			
3			

x	2	3	5
10			
11			

x	5	6	7
3			
9			

x	7	8	6
9			
8			

www.ingramcontent.com/pod-product-compliance
Lightning Source LLC
Chambersburg PA
CBHW070915220526
45466CB00005B/2225